DISTRIBUTION

GÉOGRAPHIQUE

DE LA FAMILLE

DES LIMACIENS,

PAR

LE D.ʳ DE GRATELOUP.

BORDEAUX.

IMPRIMERIE DE TH. LAFARGUE, LIBRAIRE,

RUE PUITS DE BAGNE-CAP, 8.

—

1855.

C.

AVERTISSEMENT.

Malgré les importants travaux de plusieurs savants illustres, tels que Cuvier, de Lamarck, de Férussac, de Blainville, M. Moquin-Tandon; malgré les recherches multipliées et les observations pleines d'intérêt des naturalistes américains, anglais, allemands, français, italiens, les études concernant la famille des Limaciens laissent encore à désirer. On a, pour ainsi dire, épuisé le sujet relativement à la structure anatomique de quelques genres de cette famille, mais on a négligé un peu les rapports naturels qui les lient entre eux. Les espèces sont loin d'être parfaitement définies; il y a des variétés qui occupent le rang d'espèce, et des espèces qui doivent descendre probablement parmi les variétés. Cette famille exige donc un nouvel examen, sous le rapport zoologique.

A l'égard de leur distribution géographique, on n'ignore pas qu'un grand nombre de régions sont demeurées inexplorées. L'Algérie, la Corse, l'Italie, l'Afrique, les deux Amériques, les diverses contrées de l'Océanie, la Nouvelle-Hollande, les Iles Philippines, les versans de l'Océan indien, Madagascar, les Séchelles, etc., etc., ne nous ont pas dévoilés toutes leurs richesses. Espérons que de nouvelles recherches de la part des voyageurs naturalistes obtiendront d'heureux résultats et combleront les lacunes.

L'objet que je me suis proposé dans cette notice c'est d'exposer quelques généralités zoologiques et géographiques sur l'ensemble des Limaciens ; de faire un recensement général des espèces connues et de les distribuer selon les régions géographiques naturelles. On ne trouvera rien de nouveau dans cet essai. Ce n'est qu'un résumé succinct que je donne ; mais ayant puisé dans les meilleures sources, je puis assurer que, soit les indications, soit les habitations que je cite, ont le mérite de l'exactitude.

Les espèces douteuses et incertaines sont désignées en italiques (les synonymes exceptés).

Considérant qu'il est préférable d'adopter des noms géographiques, quand cela est possible, j'en propose quelques-uns pour certaines espèces.

De Grateloup.

Bordeaux, Juin 1855.

DISTRIBUTION GÉOGRAPHIQUE

DE LA

FAMILLE DES LIMACIENS.

———⋘◇◇◇⋙———

I. CONSIDÉRATIONS ZOOLOGIQUES ET GÉOGRAPHIQUES.

Les Limaciens, ainsi que l'observe Lamarck, constituent une famille naturelle d'autant plus remarquable que les mollusques qui la composent, étant les seuls Gastéropodes dont l'organe respiratoire reconnu véritablement branchial, ne respirent néanmoins que l'air libre. Ce sont par conséquent des *Pneumobranches* (1).

Ces animaux originaires des eaux, d'après l'opinion du célèbre naturaliste que je viens de citer, vivent, en effet, ou dans les eaux douces ou dans leur voisinage, ou dans les lieux humides. Ils ont le corps molasse, allongé, nus ou presque nus, c'est-à-dire absolument privé de test, ou muni d'un très-petit test, à l'état rudimentaire.

Les genres de la famille des Limaciens s'élèvent aujourd'hui au nombre de treize, savoir: ARION, LIMACE, TESTACELLE,

---

(1) *Hist. nat. des anim. invertéb.*, 2.ᵐᵉ édit. (1836), tom. 6, p. 70 .

Limacelle, Parmacelle, Gaéotide, Vaginule, Onchidie, Eumèle, Plectrophore, Tébennophore, Meghimate, Véronicelle. Quelques-uns paraissent douteux.

Les Arions et les Limaces sont répandus partout, du Nord au Sud, à la surface du globe. Ils existent dans toute l'étendue de la zône septentrionale des deux continents, de même que dans la zône tempérée entière. On les trouve dans les diverses contrées de l'Europe septentrionale et méridionale, en Laponie, en Norwège, en Suède, en Russie, en Danemarck, en Irlande, en Angleterre, en Suisse, en Allemagne, de même qu'en France, en Espagne, en Portugal, en Italie, en Grèce, ainsi que dans tout le versant méridional méditerrannéen.

Il en existe aussi en Afrique, et dans les iles Canaries et du Cap-Vert, en Algérie, en Corse; dans les diverses régions de l'Amérique septentrionale et méridionale; dans l'intérieur du Chili, du Brésil, du Mexique; dans les États de l'Ohio, du Kentucky, Indiana, la Caroline, enfin dans tout l'archipel Américain.

Antérieurement au voyage de l'*Astrolabe*, on n'avait point constaté d'une manière certaine des Limaciens dans le versant des mers équatoriales, ni provenant de la Polynésie ni de l'Australie. C'est à MM. Quoy et Gaimard que l'on est redevable de la découverte d'une espèce d'Onchidie dans la Polynésie méridionale et d'une Limace dans la Nouvelle-Zélande.

C'est principalement dans les localités mousseuses, ombragées, humides, soit dans les montagnes, soit dans les vallons, soit aussi dans les forêts sombres et épaisses, les prairies, les lieux cultivés, les endroits obscurs auprès des habitations, les bords des ruisseaux, des rivières, des viviers, que ces mollusques se plaisent préférablement.

On a observé néanmoins que généralement, les climats tempérés et humides conviennent bien mieux que les climats chauds à la plupart des espèces de Limaces sans cuirasse. Au contraire, celles qui sont cuirassées semblent organisées, d'après la judicieuse remarque de Férussac, pour résister à l'action des climats brûlants, leur cuirasse les abritant de toutes parts : aussi, toutes ces espèces paraissent exotiques à l'Europe et habitent l'Asie ou les deux Amériques.

Un petit nombre d'espèces paraissent cosmopolites. Elles habitent indifféremment l'Europe, l'Asie, l'Amérique, les États-Unis (Rafinesque), le Sud de l'Afrique (Krauss), la Grèce (Deshayes), l'Angleterre, l'Espagne, le midi de la France, (*Limax agrestis, variegatus, cinereus*).

Quelques genres de la famille des Limaciens (*Testacelles, Parmacelles*) appartiennent aux régions chaudes et tempérées de l'Europe. La Testacelle haliotide vit sur le versant de l'océan Atlantique, depuis la Manche jusqu'au Sud de la Garonne et les rives occcidentales de l'Adour. On en a rencontré cependant dans des climats froids, en Angleterre, dans le Nord et l'Orient de la France, à Paris, à Lyon.

Dans les Canaries, à Ténériffe principalement il en existe deux espèces, propres à ces îles. L'une d'elles a été introduite accidentellement à Bristol, en Angleterre, où elle s'est acclimatée.

Le genre Limacelle placé à côté, paraît indigène au nouveau monde. On n'en connait qu'une espèce.

Le genre Gaéotide, de Shuttleworth, remplace les Peltelles; il est intermédiaire avec les Parmacelles et les Vitrines et appartient à l'Ile de Porto-Ricco.

Les Plectrophores habitent les îles Canariennes et les îles Maldives, en Asie.

Le littoral indien possède des Onchidies, soit fluviatiles, soit marines. On les a confondues avec les Vaginules. Ces dernières sont plus répandues ; outre qu'elles existent dans plusieurs parties de l'Amérique méridionale, au Brésil, au Pérou, on les retrouve aussi aux État-Unis, dans la Floride occidentale, dans les grandes et les petites Antilles ; enfin on en a découvert dans le Sud de l'Afrique, aux environs du Cap.

Le genre Tébennophore, établi par Binney (*Philomycus*, Rafin.), appartient aux États-Unis. On en trouve dans la Caroline du Sud, les états de l'Ohio, des Massachusetts, etc.

Le genre Eumèle est également propre aux États-Unis.

Le genre Meghimate, créé par Van Hasselt, provient de l'Archipel Indien.

Le genre Véronicelle, établi par de Blainville, ne renferme qu'une espèce, dont la patrie est inconnue. Ce genre a été contesté.

II. CLASSIFICATION ZOOLOGIQUE ET DISTRIBUTION GÉOGRAPHIQUE DES LIMACIENS.

Classe : GASTÉROPODES TERRESTRES.

CEPHALOPHORES.

ORDRE : PULMONÉS INOPERCULÉS (Féruss.)

ADELOBRANCHES (Dumeril), **PULMOBRANCHES** (De Bl.).

SOUS-ORDRE : GÉOPHILES.

Famille : LIMACIENS (Lam.)

LIMACES (Féruss.), LIMACIDÆ (Gray).

A. *nus* ou *sans test.*

Genre ARION (FÉRUSS.).

Europe.

ESPÈCES VIVANTES.

ARION ALBUS, Fér. Hist. pl. 2, f. 3. (*Limax albus*, Mull. 201).

> HAB. — L'Europe entière; depuis l'Islande, la Norwège, la Suède, etc., jusqu'aux confins de l'Italie.

— ATER, Fér. D'Arg. pl. 28, f. 28. (*Limax ater*, Mull. 200).

> HAB. — L'Europe presque entière, Suède, Scanie, France, etc., etc., Hautes-Pyrén., à 1800ᵐ d'alt.

— EMPIRICORUM, Fér. pl. 1 à 3. (*Limax rufus*, Lin.).

> HAB. — L'Europe entière depuis l'Islande, la Suède, la Norwège, jusqu'en Italie, en Espagne, etc.

Var. α *Draparnaudi*, Moq.-Tand., pl. 1, f. 3.
β *flavescens*, Fér., pl. 1, f. 4, 6, 7.— Moq., pl. 1, f. 22.
δ *pallescens*, Moq., pl. 1, f. 26.
ε *ruber*, Fér., pl. 1, f. 1, 2, 5.—Moq., pl. 1, f. 21.
λ *virescens*, Fér., pl. 1, f. 8.—Moq., pl. 1, f. 25.
ρ *aterrimus*, Kleeberg. — Prusse.

> HAB.—L'Europe entière, depuis l'Islande, la Norwège, la Suède, la Prusse, la Silésie, toute la Suisse, la France, l'Espagne, l'Italie, etc.

— FULIGINEUS, Morelet, Moll. Portug., pl. 2, f. 1.

> HAB.—Le Portugal, les prov. du Nord, principal. celle du Douro, etc.

— FUSCATUS, Fér., pl. 2, f. 1.

Var. *niger*, Morelet.

> HAB.—L'Europe presq. ent., l'Autriche, l'Allemagne, les Alpes Suisses, la France, les prov. du Nord de l'Esp., le Portugal, etc.

— HORTENSIS, Fér., pl. 2, f. 4-6, pl. 8, A, f. 2, 4.— Moq., pl. 1, f. 28-30.

Var. α *albidus*, Nilss. (Suède).
β *alpicola*, Fér., pl. 8, A, f. 3.
δ *cinerascens*, Kleeb. (Prusse).
ε *cœrulescens*, Nilss. (Suède).
ρ *unicolor*, Fér., pl. 2, f. 6.

> HAB.—L'Europe presq. ent., Suède, Autriche, Silésie, Suisse, les Alpes, la France, l'Espagne, le Portugal, etc.

— INTERMEDIUS, Normand. Limac. nouv. (1852) N° 2, p. 6.

> HAB.—France, dép. du Nord, Valenciennes (*Normand*).

ARION LEUCOPHÆUS, Norm., l. c., n.º 1, p. 5.

HAB.—Valenciennes, les bois, les jardins, les prés, etc·

— MARGINATUS, Drap., pl. 9, f. 7.—Fér., pl. 8, D, f. 9. —Moq., pl. 2, f. 4-17. (*Limax marginatus*, Mull., Drap.).

Var. *rufulus*, Moquin-Tandon.

HAB.—L'Europe presq. ent , Suède, Autriche, Allem., Belgique, la Suisse, la France, l'Italie, la Lombardie, etc.

— MELANOCEPHALUS, Faure-Biguet. — Fér., Prodr. n.º 4.

HAB.—Montagnes sub-alpines du Dauphiné, Pont-de-Royans (Isère).

— SUBFUSCUS, Fér., pl. 8, D, f. 4.

Limax subfuscus, Dr. pl. 9, f. 8.

HAB. —L'Europe presq. ent., Autriche, Allem., Silésie, Belgique, France, etc.

— SUCCINEUS, Bouillet (non Mull.).

HAB.—L'Auvergne, Mont-Dore, Cantal. (Bouillet).

— SULCATUS, Morelet, n.º 2, p. 28, pl. 1.

HAB.—Le Portugal, prov. du Nord, surtout celle du Douro, envir. de Porto.

— TENELLUS, Millet, (non Mull.)

HAB. — L'Anjou, Maine-et-Loire.

— TIMIDUS, Morelet, n.º 5, pl. 2, f. 2.

HAB.—Le Portugal, env. d'Abrantès, les bords du Tage.

— VIRESCENS, Millet.

HAB.— L'Anjou (Maine-et-Loire), Angers, Thorigné.

Asie.

ARION . . . .

. . . .

Afrique.

Région insulaire.

ARION EMPIRICORUM, Féruss., var. α. δ. Lowe, n.º 1, p. 39.

HAB.—Madère (Lowe).

ARION RANGIANUS, Fér. (*Parmacella*, fide Rang.).
> HAB. — Madagascar (Rang.).

— spec.? — Krauss., n.º 1, p. 73.
> HAB. — Le Cap.

— spec.? — Krauss., n.º 1, p. 73.
> HAB. — Le Cap.

Amérique.

ARION EMPIRICORUM, Fér., pl. 1.
> HAB. — Les Etats-Unis de l'Ouest.

— FOLIOLATUS, Gould, Binney, 2, p. 30, pl. 66, f. 2.
> HAB. — Etats-Unis, Boston.

— HORTENSIS, Fér., pl. 2, f. 6. — Binney, 64, f. 1 et pl. 65, f. 2.
> HAB. — Environs de Boston, Philad., New-York, etc.

Genre LIMAX (LINN.).

Europe.

ESPÈCES VIVANTES.

LIMAX *affinis*, Millet, Moll. Maine-et-Loire, n.º 4, p. 12, pl. 1, f. 1.
> HAB. — L'Anjou, Thorigné, la Chapelle-Hulin.

— AGRESTIS, Linn., Drap., pl. 9, f. 9. — Fér., pl. 4, pl. 5, f. 7-10.

Limacella obliqua, Brard, pl. 4, f. 6.

Var. α *albidus*, Moq., pl. 2, f. 18. — Fér., pl. 4, f. 8.

β *bilobatus*, Fér., pl. 5, f. 11 (Paris).

δ *lilacinus*, Moq., pl. 2, f. 21 (France).

γ *niger*, Morelet (Portugal).

ε *ornatus*, Moq., pl. 2, f. 2 (France).

λ *rubescens*, Morelet (Portugal).

ρ *tristis*, Moq., pl. 3, f. 1 (France).

> HAB. — Europe ent., Islande, Norwège, Suède, Allem., Belg., Holl., Suisse, France, Italie, Esp., Portug., etc.

Limax alpinus, Fér., pl. 4, A, f. 5-7. — Moq., pl. 3, f. 14.

HAB. —La Suisse (de Charp) , les Alpes (Stud.). Les forêts de sapins.

— anguiformis, Morelet, n.º 5, pl. 3, f. 1.

HAB. — Le Portugal, la Serra de Monchique en Algarve (Morelet).

— *collinus*, Normand, l. c., n.º 5, p. 8.

HAB. — Valenciennes (départ. du Nord); in sylv. montosis et umbrosis.

— corsicus, Moq.-Tandon, pl. 3, f. 10-13.

HAB. —La Corse, Ajaccio.

— fasciatus, Nilss., n.º 4, p. 3 (affin. *L. subfusci*, Dr.)

HAB. — La Suède, Lund (Nilss.) , Brabant (Kickx), Allem. (Pfr.).

— *filosus*, Fér.—*Lim. filans?* Hoy. — (affin. *L. agrestis*).

HAB. — France, Suisse, Alpes, Angleterre.

— *flavidus*, Féruss.

HAB. — Les Alpes, les Pyrénées.

— *flavus*, Linn. Fn. suec. 2092. (*L. aureus?* Gmel.).

HAB. — L'Europe presq. ent., Suède, Norwège, Danem., Scanie, Anglet., France, Espag., Italie.

— fulvus, Normand., n.º 4, p. 7.

HAB.—Valenciennes (Nord). Les bois, sous les mousses.

— gagates, Drap., pl. 9, f. 2. —Fér., pl. 6, f. 1, 2. — Moq., pl. 2, f. 1-3.

HAB.—L'Europe centrale, le Brabant (Kickx), Italie (Villa), France mér. (Dr.), Pyrén., Algérie (Morelet).

— *lævis*, Mull., 199 ; Fér. suppl. n.º XIII, p. 96.

HAB. — Danemarck (Mull).

— *lanceolaris*, Pallas, Spic. zool. X, pl. 1, f. 11. — Lin. 3102, n.º 15.

HAB. — La Norwège, la Suède, le Danemarck (*in mari cornubiam alluente*).

— Luvonicus, Schranck.

HAB. — La Livonie (Russie).

Limax lombricoides, Morelet, n.° 8, pl. 3, f. 4.

Affinis *L. agrestis*.

> Hab. — Portugal ; Mont de Braga.

— maximus, Linn. (*Lim. cinereus*, Mull.—*Lim. antiquo-rum*, Fér.), Drap., pl. 9, f. 10.—Fér. pl. 4, suppl. pl. 8, *a*.—Moq., pl. 4, f. 1-8.

Var. α *cellarius*, Moq.-Tand.

    β *cinereo-niger*, Wolf.

    δ *Ferussaci*, Moq.-Tand.

    γ *immaculatus*, Fér., pl. 4, f. 6.

    ε *obscurus*, Moq.-Tand.

    λ *rufescens*, Moq.-Tand.

    ι *serpentinus*, Moq.-Tand.

> Hab. — Europe ent., l'Islande, la Suède, la Norwège, l'Allemagne, le Brabant, la Suisse, la France, l'Espagne, l'Italie, etc.

— *nigricans*, Schültz (*sub nom. Parmacellæ*). Philippi 2, pl. 8, f. 2.

> Hab. — Italie, Palerme (Schültz).

— nitidus, Morelet, n.° 4.

> Hab. — Portugal, env. de Lisbonne, de Béja (Morelet).

— *parvulus*, Normand, n.° 8 (*Lim. lævis?* Mull.).

— *reticulatus*, Mull. (affinis *L. agrestis*). Schaëff. vers. 1, pl. 2, f. 1-3.

> Hab. — Allem., Danem., Brabant, France septentr.

— *rusticus*, Millet. Mag. zool. (1844), pl. 63, f. 1.

> Hab. — Le nord de l'Anjou, Thorigné.

— *salicium*, Bouillet.

> Hab — L'Auvergne, le Cantal, sur les saules.

— *scandens*, Normand, n.° 3, p. 6. — *Lim. arborum?* Bouchard (affinis *Lim. marginati*, Mull.

> Hab. — Valenciennes, les bois, les hêtres, les frênes.

LIMAX SOWERBII, Fér., pl. 8, D, f. 5, 6, 7, affinis *Lim. cari-nati?* Keeled.

> HAB. — Allemag., Belgiq., Brab., Anglet., environs de Londres, etc.

— *succineus*, Mull. (non Bouillet) *Lim, subrufus?* Linn.
> HAB. — Norwège, in Insul. Amagriæ.

— SQUAMMATINUS, Morelet, n.° 6, pl. 3, f. 2.
> HAB. — Portugal, la Serra de Caldeirao.

— SYLVATICUS, Drap., pl. 9, f. 11. — Fér., pl. 8, D, f. 2. (affinis *Lim. agrestis*, Lin.).
> HAB. Europe presq. ent., Autriche (Pfr.), Suisse (de Charp.), France mérid., Montpellier (Drap.), Portugal, les hautes montagnes de Cintra (Morelet).

— TAYGETES, Deshayes, Expéd. scient. de Morée. p. 83.
> HAB. — Morée, le mont Taygete, 1,800 à 2,000 mètres d'alt. (Brullé).

— *tenellus*, Mull., 210, Linn., Gm., 3102, n.° 14.
> HAB. — Europe presq. ent.. Suède (Nilss.), Danemarck (Mull), Allem., Banberg (Kléeb), Irlande, Angl., Fr. sept., mérid.

— *umbrosus*. Phil. (sub nom. *Parmac. variegatæ*).
> HAB. — Italie, Palerme.

— *Valentianus*, Fér., pl. 8, A, f. 5, 6.
Lim. agrestis, var.?
> HAB. — Espagne, Valence, France.

— VARIEGATUS, Drap., pl. 5, f. 1-6, Moq., pl. 3, f. 3-9.
Var. α. *brunneus?* Fér.
   β. *flavescens*, Fér., f. 2.
   δ. *virescens*, Fér., f. 1.
> HAB. — l'Europe entière, Suède (Lin.), Holl. (Gronov.), Brabant (Kickx.), Suisse (de Charp.), Anglet. (Brown, Italie (Villa), France mérid., (Drap.), Portugal (Morelet).

LIMAX *virescens*, Schültz (sub nom. *Parmacellæ*).—Philippi, 2, pl. 8, f. 2.

HAB. — Italie, Palerme.

— VIRIDIS, Morelet, n.º 7, pl. 3, f. 3.

HAB.—Le Portugal, La Serra de Caldeirao.

ESPÈCES D'EUROPE INCERTAINES.

— *arborum*, Bouchard, Moll. Pas-de-Calais, n° 6, p. 164.

HAB. — France (Pas-de-Calais), sur les vieux arbres mousseux.

— *brunneus*, Drap., n.º 11.—Fér., Suppl. p. 96, n.º 1.

HAB.— Montpellier ; in loc. humidis (Drap.) Angl.

— *carinatus*, Keeled. An *L. Sowerbii?* Fér.

HAB. — Angleterre , environs de Londres.

— *cinctus*, Mull. 205.— Fér., Suppl. n.º 3.

HAB.— Danemarck ; in nemorosis (Mull.).

— *fuscus*, Mull. 209.— Linn. 3102, n.º 13.— De Blainv. Dict. sc. nat., 16, p. 432. — Fér. Suppl., p. 96, n.º 2.

HAB.— Danemarck , France; in nemorosis.

— *geographicus*, Renieri. An *L. antiquorum?*

HAB.— Littor. adriatique (Renieri).

— *scopulorum*, Fabricius.— Fér. Suppl. n.º 5, p. 96.

HAB.— Norwège , environs de Bye (Fabric.).

ESPÈCES FOSSILES.

— AGRESTIS , L. Bronn., 3, p. 502.

HAB.—Montpellier , marn. lac.

— LARTETII, Dupuy.

HAB.— France (Gers). Calc. lac. plioc. de Sansans (Lart.)

Asie.

LIMAX AGRESTIS, Fér.

HAB.— Syrie , Damiette , les bords de la Mer-Noire , Balbek, Beyrouth (Ehrenb.).

LIMAX ANTIQUORUM, Fér. (*L. cinereus*, Lin.).

> HAB.— Ile de Chypre, environs de Sayda (Olivier).

--- EHRENBERGII, Bourg. in de Saulcy. — *L. variegatus*, Ehrenb. (non Féruss.)

> HAB.— Syrie, environs de Beyrouth (de Saulcy).

LIMAX PHENICIACUS. Bourg. l. c. — Affinis *L. sylvatici*.

> HAB. — Circa Beyrouth (de Saulcy)

— VARIEGATUS, Fér.

> HAB. — Beyrouth, au pied du Mont-Liban (Ehrenb.), Tripoli (Olivier). Ile de Corse

Afrique.

LIMAX ASCENSIONIS, Quoy et G., Astr. 2, p. 143, pl. 13, f. 14-18.

> HAB. — L'île de l'Ascension.

— ANTIQUORUM, var., Fér., fid., Lowe, prim., n.° 2.

> HAB. — Iles voisines de l'Afriq. occ., Madère.. (Lowe, Ledru).

— CANARIENSIS, D'Orb., Webb. et Berth., n.° 32, pl. 3, f. 1-3. Affin. *L. antiquorum*.

> HAB. — Ile de Ténériffe. (Web. et B.). Grande Canarie (Dorb.), CC.

— CAPENSIS, Krauss., p. 73.

> HAB. — Sud-Afr., province du Cap. (Krauss.).

— CARENATUS, D'Orb., Webb. et Berth.. pl. 3., f. 4-8.

> HAB. — Canaries, Ténériffe, près Santa-Cruz. (Webb et Berth.).

— GAGATES. Drap., var., Nigra., Fér.

> HAB — Madère. (Lowe).

— NOCTILUCUS, Fér., hist., pl. 11, pl. 8. — *Phosphorax noctilucus*, Webb. et Berth.

> HAB. — Ténériffe.

LIMAX PERLUCIDUS, Quoy et G., Astr. 2, p. 146, pl. 13, f. 10-13.
HAB. — L'île de France.

— VARIEGATUS, var., β. Fér. — Lowe, n.° 3.
HAB. — Madère. (Lowe).

— spec. nov.?... Krauss., Kolbo.
HAB. — Cap de Bonne-Esp. (Kolbo. voy.).

Amérique.

LIMAX CAMPESTRIS, Binney, pl. 64, f. 3. (*L. agrestis* ? Lin.).
HAB. — États-Unis du Nord et de l'Ouest (Binney). —
Nouv. Anglet., Vermont (Adams.).

— COLUMBIANUS, Gould. — Binney., pl. 66, f. 1.
HAB. — États-Unis du N. et de l'O., la Colombie.

— GRACILIS, Rafinesq., Ann. of. nat. 1.
HAB. — Amér. sept., le Kentucky.

— TUNICATUS, Gould. — (*L. agrestis* ? var. Lin.) Binney,
pl. 64, f. 2.
HAB. — Boston, New-York, Philadelphie.

— VARIEGATUS, Drap., Fér., pl. 5, f. 1-6.
L. flavus, Binney. 2, n.° 1, pl. 65, f.
HAB. — États-Unis (Say). Massachusetts, Boston, Cam-
bridge, Philad., New-York, Baltimore, Virginie (Binney,
Adams.).

— SPEC. ?... Bosc.
HAB. — Amér. sept.

Australie.

LIMAX BITENTACULATUS, Quoy et Gaim, Astr., 2, p. 148,
pl. 13, f. 1-3.
HAB. — Nouvelle-Zélande.

INCERTÆ. (PATRIA IGNOTA).

— HYALINUS, L. 3101, n.° 5. — Fér., Supp. n.° 4, p. 96.
HAB. — Patrie ignorée. — In mucis Phaseol. Cotyledo-
nib, infest. (Sopoli).

LIMAX MEGASPIDUS, de Bl., in J. phys., t. 95, p. 444, pl. 11.
— Fér., hist., p. 76, pl. 6, f. 4. — Suppl.,
p. 96, n.º 14.
HAB. — Patrie ignorée.

————

B — *Presque nus. Test. rudimentaire.*

Genre TESTACELLA (CUVIER).

Europe.

ESPÈCES VIVANTES.

TESTACELLA BISULCATA, Dupuy, Moll. de la Fr. pl, 1, f. 2,
(nom proposé : *T. Galloprovincialis*).
HAB. — La France mér., Provence, Grasse, Nice.

— BURDIGALENSIS, Gassies; an *Sp. nova?* affinis *T. Maugei*.
HAB. — Bordeaux, Gradignan, Blanquefort. (M. Gassies).

— COMPANYONII, Dup., pl. 1, f. 3. *T. haliotidea*, var. β.
major Companyo. (N. pr.: *T. Canigonensis*).
HAB. — France, Pyrén.-Or., St-Martin du Canigou.

— HALIOTIDEA, Faur.-Big., Bull. sc. 3, pl. 5, f. 2. — Cuv.
Ann. mus. 5, pl. VIII, f. 5-9. — Drap. pl. 8,
f. 43-48. — Dupuy, 1. p. 41, pl. 1, f. 1. —
Turt. pl. 3, f. 19. — *T. Europœa*, de Roissy,
Limacella parma., Brard, pl. 4, f. 1-2.
HAC. — Europe presq. ent.; France, Anglet., Espagne.

— *Germaniœ*, Ocken. (*Vitrina elongata* Drap.)
HAB. — L'Allemagne.

— MAUGEI, Fér., pl. 8, f. 10-12. Morelet, n.º 1, p. 48.
Turt. Gray., pl. 3, f. 18. — (An var. *Test.
haliotideœ?* fid. d'Orb.) (Nom prop.: *Test.
oceanica*).
HAB. — Portugal, depuis le parallèle de Coïmbre jusqu'au riv. de l'Algarve (Morelet), Bristol en Angleterre
(Léach.) (introduite).

— *scutulum*, Sowerb., Gen., n.º 1. (N. p. : *T. Anglica*).
HAB. — Angleterre, Irlande.

ESPÈCES FOSSILES.

TESTACELLA ASININUM, M.ᵉˡ de Serres, An. sc. nat. (1827), XI.
p. 409. (Nom proposé : *T. Monspessulana*).

HAB.—Montpellier, marnes lacustres pliocènes.

— BROWNIANA, M.¹ de Serr., 1851. (N. pr.: *T. Occitaniæ*).

HAB —Montpellier, même terrain

— DESHAYESII, Michaud, Coq., foss. (1855). pl. 5, f. 10-
11. (N. pr.: *T. Altæ-Ripæ*).

HAB. — France (dép. de la Drôme), Hauterive; marnes
lac. mioc. sup.

— HALIOTIDEA, Dr., Bronn, 3. p. 502.

HAB.—Montpellier, marn. lac. (Marcel de Serres).

— LARTETII, Dupuy (1850). J. Conc. 1. pl. 15, f. 2 (Nom
prop.: *T. Aquitanica*).

HAB.—France (Gers), Calc. lac. mioc. supér. (Lartet)

Asie.

TESTACELLA SAULCYI, Bourguign. in de Saulcy. Moll. de la
Mer Noire. (Nom prop.: *T. Berytensis*).

HAB. — Syrie (Asie occ.), env. de Beyrouth (de Saulcy).

Afrique.

TESTACELLA HALIOTIDEA, Drap. (var. *Algerica*). — Drap.,
pl. 8, f. 48 ?

HAB.—L'Algérie, Oran, Bone ; les Canaries (W. et Bert.).

— MAUGEI, Férus., p. 96, n.º 2, pl. 8, f. 9 à 12. — Le
Dru, 1, p. 187.— Webb. et Bert., n.º 1,
p. 5 (Nom prop.: *T. Canariensis*).

HAB.— Iles Canaries, Ténériffe (Maugé).

Amérique.

TESTACELLA *Antillarum* Grat., (An *sp. nova?*).

HAB.— Antilles, Martinique, Guadeloupe (D.ʳ L'her-
minier).

— MATHERONII, Potiez et Mich. Galerie 1, pl. 11, f. 1-2
(n. p.: *T. Guadelupensis*).

HAB.— Guadeloupe.

Genre PARMACELLA (Cuvier).

Europe.

Région méridionale.

ESPÈCES VIVANTES.

PARMACELLA GERVAISII, Moquin-Tandon, in Mém ac. Montpel.
(1847). Maq.-Tand., Not. s. les Parmac. in
Mem. ac. sc. Toulouse (1851, p. 10, n.º 6.
Hist. natur. des moll. de la Fr. (1855), pl.
4, f. 19, 20. (Nom prop.: *P. Arelatensis*).

HAB. — France mérid., la plaine de la Crau, près Arles et
à Les Coutures (Faisse).

— VALENCIENNII, Webb et Van Béneden. Not. s. les Parm.
in Mag. zool. (1836), pl. 75-76. Morelet,
Moll. Portug. (1845), p. 40, n.º 1, pl. 4. —
Moq.-Tandon, Hist. moll., pl. 4, f. 9-18.
(Nom proposé : *Parm. Lusitanica*).

HAB. — Péninsule ibérique ; Portugal, env. de Lisbonne.
Les collines hippuritiques d'Alcantara, rive droite du Tage
(Webb); les plaines de Séja (Morelet) ; France, Arles, la
Crau ? (Faisse).

ESPÈCES FOSSILES.

— UNGUIFORMIS, Gervais (1850); (nom proposé : *Parm.
Monspeliensis*).

HAB. — France mérid.. environs de Montpellier.
Les couches marn. lacustres pliocéniques.

Asie.

Région occidentale (Turq. asiat.).

PARMACELLA MESOPOTAMIÆ, Ocken, Lehrb. natur. (1816), p.
307, pl. 9. — *P. Olivieri*, Cuvier. An mus.
(1804), t. V, p. 442, pl. 29, f. 12-15. Cuv.

2

Mém. s. les moll. pl. 22. — De Blainv. Dict.
sc. nat. (1825), t. 37, p. 551.—Atl. pl. 41,
f. 3. Féruss. Hist., p. 79, pl. 7, f. 2-5. Suppl.
p. 96, n.º 1. — Lam. Encycl., pl. 403, f. 3,
a. b. Griff. Cuv., pl. 3, f. 5.—Morelet, l. c.,
p. 41. — Moq.-Tand., Not., pl. 8, n.º 1. —
Test. ambiguus? Fér., Hist., pl. 8, f. 4.

HAB. — Mésopotamie (Babylonie). Les plaines de l'Euphrate (Olivier).

Afrique.

A. — *Région septentrionale.*

Égypte.

PARMACELLA ALEXANDRINA , Ehrenberg, Symbol., physic.,
Berl. (1828). — Moq. Tand., Notice, p. 9,
n.º 3. — Bourguignat, in de Saulcy, Voyage
autour de la Mer-Noire, p. 9.

HAB. — L'Égypte (Rüppel); Alexandrie, les jardins de
la ville (Hemprich, Ehrenb.).

B. — *Région méditerranéenne.*

Algérie.

— ALGERICA , Desh. in Cat. Jay (1852), Suppl. n.º 3218[j],
p. 471.
Parm. spec. nov. — Morelet, l. c. (1845), p. 41,
n.º 6. — Morelet, Cat. moll. Alg. in Journ.
Conch., Petit, T. IV, p. 280, n.º 1.
Parm. Deshayesii, Moq., Notice, p. 10, n.º 5 et
in Act. Soc. Lin. Bord. (1848), T. XV,
p. 261, pl. 1, f. 5.

HAB. — Province d'Oran (Durieu, Desh., Morelet.).

C. — *Région insulaire Atlantique occidentale.*

Archipel Canarien.

— CANARIENSIS (*Cryptella*), Webb, et Berthelot, in Ann.
sc. nat. (1853), T. 28 , p. 307-310.
Testacella ambigua, Fér., Hist. pl. 8 , f. 4.
Parmac. ambigua, D'Orb. in Webb., Hist. Canar.
Parmac. calyculata, Sow. Gen. of shells (1823),
fasc. 13 , f. 103.

HAB. — Lancerotte, Fortaventure, les deux îles les plus
chaudes des Canaries et les plus rapprochées de l'Afrique
occidentale (Webb.).

PARMACELLA VALENCIENNII , Webb et Berthel. l. c.

HAB. — Ténériffe (Webb).

D.— *Région orientale insulaire.*

Ile Maurice.

— MAURITIUS , Féruss. in Bull. sc. nat. T. X, 300.

HAB. — Ile Maurice (Rang), Tamatave.

E. — *Madagascar.*

SPEC. INCERT. AC EXCLUDENDÆ.

? PARM. *extraneus* (*Arion ?*), Fér. Suppl. pl. 8 , F. fr. 5 , 7 ,
in Bull. sc. nat. X , p. 300.

HAB. — Ile de France, Madagascar (Rang).

? — *infumatus* (*Arion ?*), Fér. pl. 8 , F. fr. 1-3.

HAB. — Madagascar (Rang).

? — *problematicus* (*Arion ?*), Fér. pl. 8 , F. fr. 1-3.

HAB. — Madagascar (Rang).

Amérique.

Région méridionale.

Brésil.

PARMACELLA TAUNAISII, Fér., hist., pl. 7, A., f. 1-7.—Suppl.,
p. 96 , n.º 2. — (*Peltella*), Webb et Van
Bened, in Magas. zoolog. (1836), n.º 75. —

Moq. Tand., in An. ac. sc. Toulouse (1850),
p. 10, n.° 6. — In Journ. conch. (1851),
p. 146. de Bl., Dict. sc. nat., t. 37, p. 553.
—Desh., in Dict. classiq., Hist. nat., t. 13,
p. 71.

Parm. Palliolum, Sow. Conch. man., f. 258. (Nom
proposé : *Parm. Brasiliensis*).

HAB. — Le Brésil, environs de Rio-Janeiro (Taunay).

SPEC. FALSÆ EXCLUDENDÆ.

Parm. albopunctuata (Peltella), fid. Adams.
— *flavolineata* (Id.) Id.
— *nigrolineata* (Id.) Id. (1).

Genre LIMACELLUS (De Bla inv.).

Amérique septentrionale.

Région insulaire.

LIMACELLUS LACTESCENS, Bl. J. phys. (1817), 442, pl. 11, f.
5, Féruss. Hist. 2, p. 52, pl. 7, f. 1.—
L. Elfortiana, Bl.

HAB. — Antilles.

Genre VAGINULUS (Féruss.).

(PHILOMYCUS, Rafinesque).

Asie méridionale.

· Côte de Coromandel·

VAGINULUS ALTE, Fér. Prodr. n.° 3, pl. 8, A, f. 8, pl. 8, f. 6.

HAB.—Pondichéry (Leschenault).

·· Grand-Archipel Indien.

— MACULOSUS, Desh. in Fér., add. p. 96[8], pl. 8, E, f. 9.

HAB. — Archipel asiatique, Java, Tjihanjavar (Van
Hasselt).

1) Vide gen. *Gaeotis*, p. 25.

VAGINULUS MOLLIS, Desh. in Fér. add. pl. 8, E, f. 8.
>   HAB. — Batavia (V. Hasselt).

— PORULOSUS, Desh. in Fér. pl. 8, E, f. 5.
>   HAB. — Java (environs).

— PUNCTATUS, Desh. in Fér., pl. 8, E, f. 7.
>   HAB. — Grandes Indes, envir. de Buitenzorg (Van Hass.

— VIRI-ALBUS, Desh. in Fér., pl. 8, E, f. 6.
>   HAB. — Grandes Indes, Kapàngdungan (V. Hass.).

Afrique méridionale.

A. — (Cafrérie).

VAGINULUS NATALENSIS, Krauss, Moll. Sud-Afric., p. 72. —
affinis *Vag. Taunaisii.*
>   HAB. — Natal.

B. — Région insulaire de l'Océan Indien.

— PUNCTATUS, Féruss., Bull. sc. nat., t. 10, p. 299.
>   HAB. — Ile de France (Rang).

Amérique méridionale.

* Région méridionale.

VAGINULUS LANGODORFI, Fér., pl. 8, B. f. 3, 4.
>   HAB. — Le Brésil, circà Rio-Janeiro. (Langsdorf).

— TAUNAISII, Fér., pl. 8, B, f. 2.
>   HAB — Brésil; in sylvis ac hortis Rio-Janeiro (Freycinet).

** Région occidentale.

VAGINULUS LIMAYANUS, Lesson, Voy. coq., pl. 14, f. 1. D'Orb.
in Mag. zool. (1839), Cl. V, n.º 61, Desh. in
Fér., pl. 8, E, f. 11.
>   HAB. — Pérou, env. de Lima, mont San-Christol, in loc.
>   calidis. (Berard).

*** Région de la Plata.

— SOLEIFORMIS, d'Orb., in Mag. zool. (1839), Cl. V, n.º 61.
>   HAB. — Buénos-Ayres.

Amérique septentrionale.

VAGINULUS FLEXUOLARIS (*Philomycus*), Rafin. —
Fér., add., p. 96.
HAB.—Montagne de Catskill.

— FLORIDANUS, Binney, loc. cit., p. 17, pl. 67.
HAB. — Floride , Charlotte Harbor.

— FUSCUS, Rafin.—Fér., add. p. 96, γ. n.° 3.
HAB.—Ohio, sur l'*Amanita elliptica* (Rafin).

— OXYURUS (*Philomycus*), Rafin. — Fér., add., p. 96.
HAB. —New-Yorck.

— QUADRILUS (*Philomycus*), Rafin.—Fér., add., p. 26.
HAB.—Environ de la riv. de l'Hudson.

Région insulaire occidentale.

VAGINUL. OCCIDENTALIS, Desh.— *Vag. Krausii*, Fér. , Bull.
T. 10, p. 299, pl. 8 E, f. 10. — *Onchidium*
occidentale , Guilding , Trans. Soc. Linn.
Lond. T. 14, p. 322, pl. 31 , f. 8-11.
HAB.— Saint-Pierre de la Martinique (Rang). Ile Saint-
Vincent , in locis elevatis humidis (Guilding).

— OCCIDENTALIS, Desh. in Fér. Hist. pl. 8 , E, f. 10.—
Shuttlew., Moll. de Porto-Ricco (1854),
p. 126, n.° 1.
HAB. — Ile de Porto-Ricco , circà Oppid. San Juan de
Humacao (Guild.).

— CUBENSIS (*Onchidium*), Pfr.
HAB.— Ile de Cuba.

— SLOANII, Fér., Prodr. n,° 5.— D'Orb. in Ram. de la
Sagra , Hist de Cub. n.° 59.
Limax nudus, Sloan.
HAB.— Jamaïque.

(23)

VAGINUL. LÆVIGATUS, Fér., Prodr. n.° 4, pl. 8, B. f. 5-7.
Onchidium lævigatum, Cuv.

HAB.— . . . . . in Museo Parisiense.

Genre ONCHIDIUM (BUCHANAN).

Europe.

Italie méridionale.

ESPÈCES VIVANTES·

ONCHIDIUM NANUM, Philippi, Faun. Moll., Sicil., t. 2, p. 101,
pl. 20, f. 6.

An *Onchidium celticum?* Cuvier, Annales Mus.,
t. 3, p. 46.

HAB. — Sicile, Palerme. (An sp. mar. aut. fluv.?).

Asie méridionale.

Indes orientales.

ESPÈCES VIVANTES.

ONCHIDIUM INDIÆ, Ocken. — *Onchid. Typhæ*, Buchanan, in
Trans., S. Lin. Lond., t. 5, p. 132, pl. 5,
f. 1-3. — Féruss., Hist., p. 31, pl. 8.
f. 1-3.—Lam., éd. Desh., t. 7, p. 708, n.° 1.

HAB.—Bengale, les bords des eaux douces, principal.[t]
les bords du Gange. Ad fol. Typhæ Elephantinæ, Roxburg.

Océanie.

Polynésie méridionale.

ESPÈCES VIVANTES.

ONCHIDIUM TONGANUM, Quoy et Gaim., Astrol. Moll.. pl. 15,
f. 17-28.

HAB. — Tonga, Anhangsel (Iles des Amis). An spec.
fluv. vel marin?

N. B. L'Onchid. Peronii, Cuv. (*Peronia Mauritiana*, Bl.), est
une espèce marine.

Genre EUMELUS (RAFINESQUE).

Amérique septentrionale.

ESPÈCES VIVANTES (*incertaines*).

EUMELUS LIVIDUS, Rafin, Ann. of. nat., 1820. — Féruss.,
Prodr., p. 15. — Féruss., Add., p. 96[7],
n.° 2.
> HAB. — Ohio, Indiana, Kentucky.

— NEBULOSUS, Rafin. — Féruss., *ib.*, n.° 1.
> HAB. — Ohio, Kentucky.

Genre PLECTROPHORUS (FÉRUSSAC).

Asie méridionale.

Région insulaire.

PLECTROPHORUS COSTATUS, Fér., Hist. p. 86, n.° 2, pl. 6, f. 6.
— *Testac. costata*, Bosc.
> HAB. — Maldives (Indoustan).

— CORNINUS, Fér., Hist. p. 86. pl. 6, f. 5.
> HAB.— L'Asie ?

Afrique.

Région insulaire atlantique.

PLECTROPHORUS ORBIGNII, Webb. et Berth.— Fér., Hist., p.
87, n.° 3, pl. 6, f. 7.— *Testacella Teneriffæ*,
D'Orb. (ined.).
> HAB. — Canaries, Ténériffe.

Genre TEBENNOPHORUS (BINNEY).

Amérique septentrionale.

États-Unis.

TEBENNOPHORUS CAROLINIENSIS, Binney, 2, p. 20, pl. 73,
p. 13, f. 1, 2, Adams, Shells Vermont. —

Limax Caroliniensis, Bosc.—Fér., Hist., p
77, pl. 6, f. 3 —*Limax Carolinianus*, de
Roissy. — *Philomycus Caroliniensis*, Fér.,
prod., p. 15.

HAB.—Caroline du Sud, Vermont, New-Yorck, Missouri,
Virginie au S.-O. Golfe du Mexique, Lac Erié au S.

TEBENNOPHORUS DORSALIS, Binney p. 24, pl. 63, f. 3.

Philomycus dorsalis, Adams.

HAB.—Vermont, Massachusetts.

Genre GAEOTIS (SHUTTLEWORTH).

Amérique septentrionale.

Grandes-Antilles.

GAEOTIS ALBOPUNCTULATA, Shuttl., Moll., Porto-Ricco (1854)
n.° 4, p. 128.

HAB.—Porto-Ricco, propè humacao, ad truncos arborum. (Blauner).

— FLAVOLINEATA, Shuttl., l. c., n.° 3, p. 127.

HAB. Porto-Ricco, in Sierra de Luquillo. in fol. musa-
rum. (Blauner.).

— NIGROLINEATA, Shuttl., n.° 2, p. 127.

HAA—Porto-Ricco, Luquillo, ad truncos et folia mu-
sarum (Blauner.).

Genre MEGHIMATIUM (VAN HASSELT).

Asie.

Grand Archipel.

ESPÈC. VIVANTES.

MEGHIMATIUM CYLINDRACEUM, V. Hasselt, (1824). — Fér.,
Hist. pl. 8, F. fr. T. 9. — Desh. in Fer.
add. p. 96[4].

HAB. — Ile de Java. Les forêts vierges des hautes
régions (V. Hasselt).

MEGHIMATIUM RETICULATUM, V. Hasselt. — Fér. pl. 8 , E.
f. 2 , 3. — Desh. in Fer. addend., p. 96^b,
n.º 3.

HAB. — Ile de Java, Mont-Gedokan.

— STRIGATUM, V. Hasselt.— Fér. Bull. sc. nat. 1824 ,
T. p. 82.

HAB.— Java. Mont-Gedokan.

Genre VERONICELLUS (De Blainv.).

PATRIE IGNORÉE.

VERONICELLUS LÆVIS, De Blainv., J.¹ Phys. Déc. 1817, p. 440,
nov. 1817, pl. 6, f. 1 , 2. — Fér., Hist.
p. 83, pl. 7, f. 6, 7.

RÉSUMÉ NUMÉRIQUE

DES GENRES DE LA FAMILLE DES LIMACIENS

PAR ORDRE GÉOGRAPHIQUE.

ARIONS.

21 espèces vivantes (dont 4 incertaines).

    7 d'entr'elles existant dans l'Europe entière ou presque entière.

    10 en France, dont 3 propres à l'Anjou.

    3 viv. en Espagne, en Italie, en Corse et communes à la France.

    3 propres au Portugal.

    4 espèces (dont 2 innominées) vivant en Afrique, l'une d'elles commune à l'Europe.

    3 esp. Américaines, 2 communes à l'Europe et 1 propre aux États-Unis.

LIMACES.

94 espèces vivantes (25 douteuses) et 1 fossile.

    40 d'entr'elles appartiennent à l'Europe (25 douteuses).

    6 vivent dans toute l'Europe; 8 appart. à l'Europe septent.; 9 à l'Europe mérid., 5 à l'Europe centrale.

    La plupart vivent en France, 2 sont propres à l'Anjou, 3 autres au département du Nord.

    3 sont également particulières au Portugal.

    1 id. à la Norwège, 1 id. à l'Italie mérid., 3 id. à la Sicile, 1 id. à la Morée.

    1 id. à la Corse, 2 id. à l'Angleterre, et 4 communes à la France, à l'Espagne, au Portugal, à l'Algérie, à l'Italie, à l'Angleterre et à la Corse.

    5 espèces asiatiques vivantes, 2 propres à la Syrie et 3 communes à la France.

2 espèces africaines (atlantiques), l'une de l'île de l'Ascension, la deuxième de l'île de France.

8 espèces américaines, dont 1 commune à l'Europe et 4 propres aux États-Unis.

1 espèce, unique, de l'Australie, propre à la Nouvelle-Zélande.

2 espèces incertaines, dont la patrie est inconnue.

2 espèces fossiles de la France, provenant des terrains tertiaires supérieurs.

LIMACELLES.

1 espèce, unique, américaine (de l'Amérique septentrionale).

TESTACELLES.

17 espèces., 12 vivantes et 5 fossiles.

7 européennes (2 douteuses), 4 d'entr'elles vivant en France, l'une nouvelle et inédite, appartenant à la Gironde, une autre connue provenant des Pyrén. Orient., 1 propre (douteuse) à l'Allemagne, 1 commune à la France, au Portugal, à l'Angleterre.

1 autre (douteuse), particulière à l'Angleterre.

1 espèce asiatique, propre à la Syrie.

2 espèces africaines, l'une d'elles commune à la France, au au Portugal, à l'Algérie, et l'autre appartenant aux Canaries.

2 espèces américaines, propres aux Antilles.

Les 5 espèces fossiles proviennent des couches tertiaires supérieures de la France méridionale.

PARMACELLES.

13 espèces vivantes. — 1 espèce fossile.

6 espèces européennes, 2 d'entr'elles. vivant dans la France méridionale, 1 commune au Portugal.

3 Siciliennes (douteuses).

L'espèce fossile est des terrains tertiaires de la France.

1 espèce unique viv. de l'Asie, propre à la Mésopotamie.

4 espèces africaines, l'une propre à l'Égypte, l'autre à
l'Algérie.
2 de l'Archipel canarien, et 1 de l'Île de France.
2 espèces américaines, l'une du Brésil méridional, l'autre
(incertaine) de l'île Fernandez.

GAÉOTIDES.

3 espèces vivantes américaines, propres à l'île de Porto-Ricco.

VAGINULES.

22 espèces vivantes;
    6 espèces asiatiques; 1 de la côte de Coromandel, et 5
    espèces du grand archipel indien.
    2 espèces africaines, l'une provenant de la terre de Natal,
    l'autre vivant à l'île Maurice.
14 espèces américaines, dont 2 de la région occidentale de
    l'Amérique méridionale, et 2 du Brésil
5 espèces de l'Amérique septentrionale (États-Unis).
4 espèces des Indes occidentales, l'une des petites Antilles
    et les 3 autres des grandes Antilles.

ONCHIDIES.

3 espèces vivantes (dont l'origine fluviatile est douteuse).
    1 seule espèce européenne (Sicilienne).
    1 asiatique (Asie méridionale).
    1 de la Polynésie.

TÉBENNOPHORES.

3 espèces de l'Amérique septentrionale, propres aux États-Unis.

EUMÈLES.

2 espèces vivantes (incertaines) de l'Amérique septentrionale.

PLECTROPHORES.

3 espèces vivantes; 2 asiatiques (des Maldives).
    1 africaine (de l'archipel Canarien).

MÉGHIMATES.

3 espèces vivantes du grand archipel asiatique.

VÉRONICELLE.

1 espèce unique vivante (patrie ignorée).

RÉCAPITULATION
par ordre zoologique.

1. ARION.	23	espèces vivantes.		0
2. LIMACE.	59	id. . . . id.	. . . .	2 fossile.
3. LIMACELLE.	1	id. . . . id.	. . .	0
4. TESTACELLE.	16	id. . . . id.	. . . .	5 fossiles.
5. PARMACELLE.	13	id. . . . id.	. . . .	1 id.
6. GAÉOTIDE.	3	id. . . . id.	. . . .	0
7. VAGINULE.	22	id. . . . id.	. . .	0
8. ONCHIDIE.	3	id. . . . id.	. . .	0
9. TÉBENNOPHORE. . . .	3	id. . . . id.	. . .	0
10. EUMÈLE.	2	id. . . . id.	. . .	0
11. PLECTROPHORE. . . .	2	id. . . . id.	. . .	0
12. MEGHIMATE.	3	id. . . . id.	. . . .	0
13. VÉRONICELLE	1	id. . . . id.	. . . .	0

Total : 13 genres.   151 espèces vivantes.   8 esp. foss.

ADDENDA.

Page, ligne.

13, 28. — LIMAX KRAUSII, Adams.
        HAB. Sud-Afriq.

14, 12. — Id. FULIGINOSUS, Gould.
        HAB. Etats-Unis.

14, 14. — Id. OLIVACEUS, Gould.
        HAB. Etats-Unis.

14, 28. — Id. SANDWICHENSIS, Eydoux et Souleyet.
        HAB. Ile de Sandwich. (Australie).

24, 25. — TEBENNOPHORUS BILINEATUS, Cart.
        HAB. Etats-Unis.

ERRATA.

Page 9, ligne 34, *au lieu de* Luvonicus, *lisez* : Livonicus.
— 12, — 31,   —   Mer-Noire   Mer-Morte.
— 16, — 18,   —   Id.   Id.
— 20, — 10,   —   albopunctuata, albopunctulata.
— 21, — 19,   —   Langsdorfi, Langsdorfi.

TABLE

DES GENRES ET DES ESPÈCES.

FIN DE LA TABLE.

BORDEAUX. — IMPRIMERIE DE TH. LAFARGUE , LIBRAIRE.

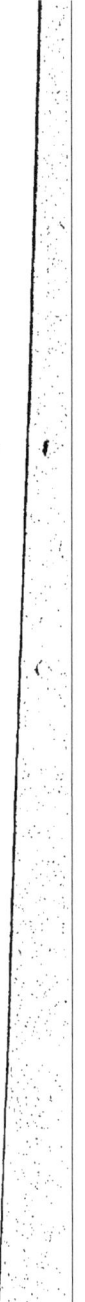